Nico Herzog

Schottland - Hightech am Rande Europas - Silicon Glen - Aufstieg, Glanz und Krise

GRIN Verlag

Bibliografische Information der Deutschen Nationalbibliothek:

Die Deutsche Bibliothek verzeichnet diese Publikation in der Deutschen National-
bibliografie; detaillierte bibliografische Daten sind im Internet über http://dnb.d-
nb.de/ abrufbar.

Impressum:

Copyright © 2003 GRIN Verlag GmbH
Druck und Bindung: Books on Demand GmbH, Norderstedt Germany
ISBN: 978-3-640-12669-9

Dieses Buch bei GRIN:

http://www.grin.com/de/e-book/30875/schottland-hightech-am-rande-europas-
silicon-glen-aufstieg-glanz

Universität Potsdam

Institut für Geographie

Mittelseminar Humangeographie –
Wirtschafts- und Industriegeographie

Wintersemester 2003/2004

Schottland – Hightech am Rande Europas

Silicon Glen –
Aufstieg, Glanz und Krise

Eine Hausarbeit von:

Nico Herzog

Lehramtstudiengang für Gymnasien
in den Fächern Sport (8. FS) und Geographie (1. FS)

Inhalt

1. Einführung

In jüngster Zeit gewinnt die Frage nach der Bedeutung von Hochtechnologie (Hightech)-Industrien für die Prägung von Regionen an Bedeutung. Wenn man den Begriff Hightechregion hört, denkt man an erster Stelle meist an das kalifornische Silicon Valley, aber auch in anderen Erdteilen sind überaus hochentwickelte Gebiete zu finden, nicht nur in den Vereinigten Staaten von Amerika. So zum Beispiel in Großbritannien im schottischen Silicon Glen. Nicht erst seit dem Klonen des Schafes Dolly am Roslin Institut gilt Schottland als aufstrebender Standort für Biotechnologie, aber gerade durch dieses Ereignis kam die Region in alle Medien.

Neue, erfolgreiche und rasch aufstrebende Hightech-Standorte sind in den letzten Dekaden oft in peripheren, bislang wenig bekannten Regionen, wie etwa in den schottischen Lowlands, zu finden. Dort ist bereits seit einigen Jahren ein enormes Wachstum im Bereich der Hoch- und Spitzentechnologie zu beobachten. Der Großteil der schottischen Hightech-Entwicklung findet im Grunde in einem schmalen Band im Süden des Landes statt, einem etwa 120 km langen und rund 50 km breiten Gürtel zwischen Edinburgh und Glasgow (vgl. hierzu Abbildung 1).

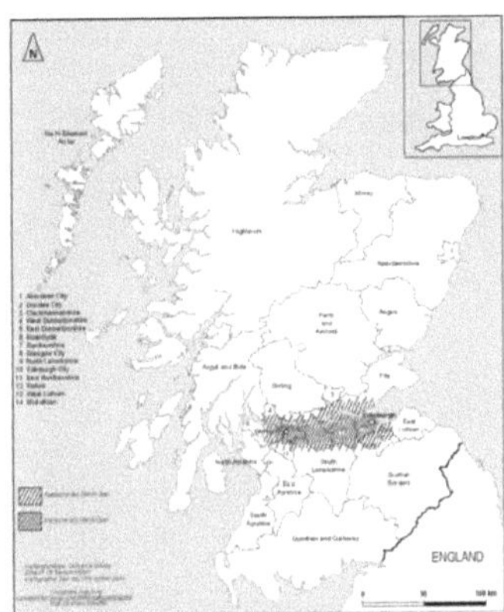

Abbildung 1: Das Silicon Glen.[1]

Dieses Gebiet, in dem rund 80 Prozent der schottischen Gesamtbevölkerung leben und arbeiten, erhielt seinen Namen in Anlehnung an das oben erwähnte kalifornische Silicon Valley. Glen ist der schottische Name für Tal, in welchem die Region liegt.

---

[1] Markus Hilpert (2002): Schatten über Silicon Glen? Aufstieg, Glanz und Krise der schottischen High-Tech-Region. In: Europa Regional. Heft 10(2002)1, S. 21-27.

Die nachfolgende Arbeit wird aufzeigen, was man eigentlich unter dem Begriff Hightechindustrie zu verstehen hat, um daran anknüpfend Hightechregionen zu charakterisieren.

Anhand der Merkmale solcher Regionen werde ich aufzeigen, dass die Region Silicon Glen zu den Hightechregionen zählt. Über die Geschichte und Entwicklung dieser Region werde ich weiter darstellen, wie sich das Silicon Glen zu einer der führenden Hightechregionen etablieren konnte, um dabei auch die Probleme solcher Regionen aufzuzeigen, die eventuell zu einem Rückgang in der Bedeutung der schottischen Hightech-Industrie zukünftig führen.

2.   Was sind Hightech-Industrien

Die zahlreichen Veröffentlichungen zum Thema Hightech-Industrien haben zu einer Vielzahl von Definitionen geführt. Für Großbritannien gibt es von Seiten des Department of Trade and Industry eine halboffizielle Definition, welche durch Butchart 1987 festgelegt wurde, die von behördlicher und wissenschaftlicher Seite nahezu uneingeschränkt verwendet wird.[2] Seine Definition entstand unter Verwendung der Standard Industrial Classification von 1980 (SIC80), welche die einzelnen Wirtschaftszweige Großbritanniens unter sog. Activity Headings systematisch auflistet. Nach dieser Definition orientiert sich die Liste an zwei Bestimmungskriterien, die erfüllt sein sollten:

o Der Anteil der betriebsinternen Ausgaben für Forschung und Entwicklung (F&E) am Bruttoproduktionswert des jeweiligen Wirtschaftzweiges soll mindestens 20 % über dem nationalen Durchschnitt des Verarbeitenden Gewerbes liegen.[3]

o Wirtschaftszweige, die hinsichtlich des ersten Kriteriums zwar über dem nationalen Durchschnitt liegen, aber den Grenzwert von 20 % verfehlen, können dennoch in die Liste der Hightech-Industrien aufgenommen werden, sofern der relative Anteil der Beschäftigten in F&E-relevanten Berufen über dem nationalen Durchschnitt im Verarbeitenden Gewerbe liegt.[4]

Im Jahre 1980 wurden unter Berücksichtigung dieser Kriterien insgesamt 19 Hightech-Industrien für Großbritannien ausgewählt (vgl. hierzu Abbildung 2). Sie umfassen sowohl das Verarbeitende Gewerbe als auch einzelne Dienstleistungszweige.

---

[2] vgl. Sebastian Kinder (2000): Hightech-Regionen in Großbritannien – Entwicklungsmerkmale und Konzentration. In: Geographische Rundschau. Heft 52, S. 50-56.
[3] ebenda.
[4] ebenda.

Standard Industrial Classification 1980		Standard Industrial Classification 1992	
SIC80 Code	Bezeichnung	SIC90 Code	Bezeichnung
2514	synthetische Harze und Plastik	2417	synthetische Harze und Plastik
2515	synthetischer Gummi		
2570	pharmazeutische Produkte	2441	pharmazeutische Produkte
3301	Büromaschinen	3001	Büromaschinen
3302	EDV-Ausrüstungen	3002	Computer und andere Geräte zur Informationsverarbeitung
3420	elektrische Ausrüstungen		
3441	Telegraphen, Telefone und Ausrüstungen	3220	Fernseh- und Radiogeräte sowie Telefone und Telegrafen
3442	elektrische Instrumente und Kontrollsysteme		
3443	Radios und elektronische Güter		
3444	Komponenten für elektronische Ausrüstungen		
3453	aktive Komponenten und elektronische Bauteile		
3640	Luftfahrtausrüstung		
3710	Mess-, Kontroll- und Präzisionsausrüstungen	3320	Instrumente und Vorrichtungen zum Messen, Kontrollieren, Testen und Navigieren
3720	medizinische und chirurgische Ausrüstungen einschl. orthopädischer Vorrichtungen	3310	medizinische und chirurgische Ausrüstungen einschl. orthopädischer Vorrichtungen
3732	optische Präzisionsinstrumente	3340/2	optische Präzisionsinstrumente
3733	fotografische und cinematografische Ausrüstungen	3340/3	fotografische und cinematografische Ausrüstungen
7902	Telekommunikation	6420	Telekommunikation
8394	Computerdienstleistungen	7200	Computerdienstleistungen
9400	Forschung und Entwicklung	7300	Forschung und Entwicklung

Abbildung 2: Die britischen Hightech-Industrien nach der SIC80 und SIC90.[5]

Die Vorteile dieser Klassifikation liegen einerseits in der klaren und methodischen Definition, andererseits in der Einbeziehung von Aktivitäten im tertiären Sektor, die sonst meist unberücksichtigt bleiben. Nachteile ergeben sich durch die zeitliche Einschränkung der Definition. So muss man, um Vergleiche mit frühren Jahren anstellen zu können die SIC von 1968 einbeziehen. In späteren Jahren entstand die SIC von 1992. Beide Industrieklassifikationen bezogen sich auf andere Grundschemata, welche einen Vergleich der drei miteinander nahezu unmöglich machte. Da die Regierung auch bisher noch keine Daten für die Zeit nach 1992 veröffentlicht hat, kann keine neue Einteilung erfolgen, so dass man bisher noch immer auf die SIC92 zurückgreifen muss. Im Ergebnis der SIC92 lassen sich auf Grund der Zusammenlegung der Activity Headings noch 13 Wirtschaftszweige des

---

[5] ebenda

Hightech-Bereiches ableiten (vgl. hierzu Abbildung 1). Es ist ein unvermeidlicher Informationsverlust dadurch zu erkennen, der allerdings unbedeutenden Einfluss auf die Identifizierung und räumlichen Muster der Hightech-Regionen hat.

3.   Was sind Hightech-Regionen

Für die Festlegung von Hightech-Regionen in Großbritannien bilden die englischen und walisischen Counties bzw. die schottischen Standard Regions die Grundlage. Durch eine Einteilung in diese kleinen Gebiete kann ein besserer Vergleich untereinander angestellt werden, so dass auch kleinräumige regionale Unterschiede feststellbar sind (vgl. hierzu Abbildung 3).

Abbildung 3: Administrative Gliederung Großbritanniens nach Counties.[6]

Im Gegensatz zu vielen anderen Veröffentlichungen hat Sternberg den wohl bislang überzeugendsten Ansatz zur Identifikation von Hightech-Regionen geliefert. Danach müssen Hightech-Regionen vier Bedingungen erfüllen: Sie müssen nach absoluten und relativen und ebenso auch statischen und dynamischen Indikatoren über dem

---

[6] ebenda.

Landesdurchschnitt liegen.[7] Einerseits soll sichergestellt werden, dass es sich bei den entsprechenden Regionen um tatsächliche Konzentration von Hightech-Industrien handelt, andererseits soll mit den letzteren beiden garantiert werden, dass es auch Wachstumsregionen im nationalen Maßstab sind.

Als Datengrundlage für eine Bewertung der einzelnen Gebiete (siehe auch Abbildung 3) bieten sich grundsätzlich die Zahl der Beschäftigten sowie die Zahl der Betriebe in den Hightech-Industrien an. Da aber letztere Werte in Großbritannien nicht statistisch erfasst werden, muss sich die Identifizierung auf die Zahl der Beschäftigten konzentrieren. Weiterhin wird der Standortquotient dazu genommen welcher für die einzelnen Regionen in Abbildung 4 dargestellt ist.

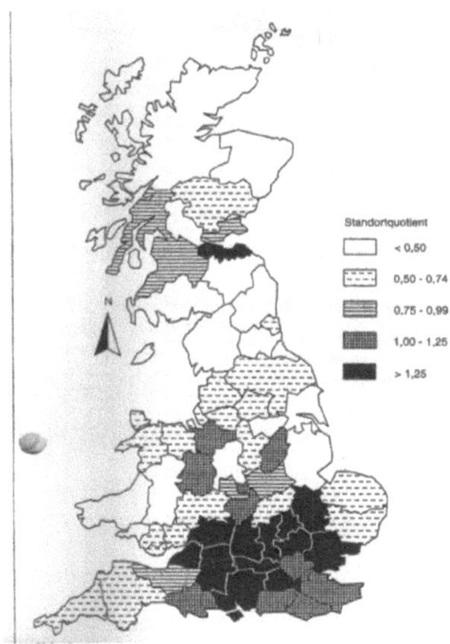

Abbildung 4: Darstellung der Standortquotienten nach Counties 1996.[8]

Als Basis dient hierbei die Standrad Industrial Classification von 1992. Der SIC92 „setzt den Anteil der Hightech-Beschäftigten in einem County an allen Hightech-Beschäftigten Großbritanniens in Beziehung zum Anteil aller Beschäftigten in diesem County an der Gesamtzahl der Beschäftigten in Großbritannien. Der Standortquotient

---

[7] vgl. R. Sternberg (1995): Technologiepolitik und High-Tech Regionen – ein internationaler Vergleich. In: Wirtschaftsgeographie, Bd. 5, Münster 1995.
[8] Sebastian Kinder (2000): Hightech-Regionen in Großbritannien – Entwicklungsmerkmale und Konzentration. In: Geographische Rundschau. Heft 52, S. 50-56.

nimmt für Großbritannien den Wert 1,00 an. Ein Wert, der kleiner als Eins ist, weist auf einen im nationalen Durchschnitt unterdurchschnittlichen Anteil der Hightech-Beschäftigten hin. Ein Wert, der größer als Eins ist, bedeutet hingegen entsprechend einen überdurchschnittlichen Anteil"[9].

Als statische und dynamische Indikatoren, die den Charakter der jeweiligen Region als Wachstumsregion dokumentieren sollen, werden das Bruttoinlandsprodukt pro Einwohner, die Bruttowertschöpfung pro Beschäftigtem im Verarbeitenden Gewerbe und das Haushaltseinkommen pro Einwohner bzw. die zeitliche Veränderung dieser Indikatoren herangezogen.

Auffällig ist die starke Konzentration der Hightech-Industrien im Süden Englands (vgl. Abbildung 4) westlich von und nördlich der Hauptstadt London. Dieses Gebiet wird als Western Crescent bezeichnet. Im Laufe der 90er Jahre haben sich nach Kinder allerdings Verschiebungen in der Abgrenzung dieser Region ergeben. Während noch in den 80er Jahren eine Zunahme der Hightech-Intensität am westlichen Rand des Western Crescent sichtbar war, verloren diese Counties in den 90er Jahren an Bedeutung. Gleichzeitig verschob sich diese zunehmende Intensität in Richtung London. Das Gebiet des Counties „Cambridgeshire mit einem Standortquotienten von 1,92"[10] wird auf Grund seiner Entstehungsgeschichte nicht zum Western Crescent gezählt.

Als weitere regionale Hightech-Konzentration gilt die schottische Region Lothian. „Lothian tritt mit einem Standortquotienten von 1,34"[11] zwar weit hinter andere Counties, stellt aber dennoch eine Hightech-Region fernab des Südens dar.

Eine Betrachtung der Indikatoren des Entwicklungsstandes und der –dynamik zeigt ein ähnliches räumliches Muster wie die zuvor beschriebenen regionalen Hightech-Konzentrationen. Alle drei genannten Regionen verzeichnen bei diesen Indikatoren Werte, die deutlich über dem nationalen Durchschnitt liegen und weisen sich damit eindeutig als Wachstumsregion aus.

Insgesamt lässt daraus für die Identifikation von Hightech-Regionen in Großbritannien schlussfolgern, dass mit den zwei Counties um London zwei in jeder Hinsicht den Anforderungen entsprechende Regionen bestehen. Dies trifft für die Region Lothian nicht in jeder Hinsicht zu. Lothian entspricht den Anforderungen erst seit Mitte der 90er Jahre.

---

[9] ebenda.
[10] ebenda.
[11] ebenda.

4.   Die Technologieregion in den Lowlands

Schottland gilt, wie bereits oben erwähnt, nicht erst seit dem Klonen des Schafes Dolly am Roslin Institut als aufstrebender Standort für Biotechnologie. Rund 18.000 Menschen arbeiten in der schottischen Life-Science-Industrie und weitere 20.000 in der biotechnologischen Forschung. Ökonomisch bedeutsamer ist aber die Elektroindustrie. Schottland produziert 32 Prozent der Marken PCs, 51 Prozent der Notebooks, fast 80 Prozent der Workstations und über 50 Prozent der Bankautomaten, die in Europa hergestellt werden. 51 Prozent der in Europa produzierten Halbleiterprodukte stammen aus Schottland. Zu den beiden wichtigsten Exportgütern Schottlands zählen Büromaschinen mit 34 Prozent und Elektronikprodukte mit 19 Prozent.[12]

Bei diesen Zahlen kann leicht das Bild eines sich technologisch homogen entwickelnden Landes entstehen. Tatsache ist jedoch, dass sich diese Entwicklung in nur einem schmalen Band im Süden Schottlands abspielt, im sogenannten Silicon Glen.

Hier werden mehr Computer pro Kopf produziert als irgendwo anders auf der Welt.

Im Silicon Glen haben sich über 500 Unternehmen der Elektronik- und Informationstechnologieindustrie – darunter sieben der weltweit führenden – angesiedelt und stellen dort über 40.000 Arbeitsplätze. Das Silicon Glen stellt die bedeutendste Technologieregion fernab des prosperierenden Südens Englands dar.[13]

---

[12] vgl. Markus Hilpert und Werner Huber (2001): Silicon Glen – Schottlands High-Tech-Region. In: Geographie und Schule. Heft 134/2001, S. 43-46.
[13] vgl. Kinder (2000).

5.   Von der Schwerindustrie zum Mikrochip

Nach dem Zweiten Weltkrieg (1939-1945) gerieten die traditionellen Industriezweige der schottischen Lowlands – Kohle, Stahl und der Schiffbau – in eine Krise. Heute existiert gerade mal noch eine Kohlemine in Schottland und der Bau der großen Ozeanriesen wurde schon in den 80er Jahren eingestellt. Gerade in den 80er Jahren war der Arbeitsplatzverlust der schottischen Bevölkerung im Vergleich zum Durchschnitt Großbritanniens besonders hoch. Diese Arbeitsplatzverluste gingen fast ausschließlich zu Lasten des Bergbaus.

Der seit Mitte der 80er Jahre zunehmende Dienstleistungssektor, vor allem in den Regionen Lothian und Edinburgh entfiel im wesentlichen auf das öffentliche Bildungs- und Gesundheitswesen. Das Kredit- und Versicherungswesen sowie die gewerblichen Dienstleistungen blieben hingegen um rund 20 Prozent hinter dem nationalen Durchschnitt.[14]

Kompensiert wurde diese Entwicklung durch die Massive Unterstützung der Biotechnologie, des Dienstleistungssektors und vor allem der Informationstechnologie. 1954 wurde bereits das Gebiet Grenock für Fabrikationsanlagen erschlossen, welches dann 1960 von IBM gekauft wurde. Durch IBM angestoßen, folgten vor allem in den 80er Jahren immer mehr internationale Elektronikfirmen im Lanarkshire, dem ursprünglichen Kern des Silicon Glen.

Ihnen folgten Halbleiterproduzenten, Softwareentwickler, Dienstleister und Zulieferer.

---

[14] vgl. H.-W. Wehling (1991): Jüngere Tendenzen in der wirtschaftlichen Entwicklung Schottlands. In: Geographische Rundschau. Heft 1, S. 34-43.

6.   Regionale Wirtschaftspolitik

Große Bedeutung für diese rasante Entwicklung kommt der schottischen Wirtschaftpolitik zugute. Gerade die Rezession in den 80er Jahren entfachte in Großbritannien die Debatte um die Bedeutung, Entstehung und Förderung neuer Hightech-Industrien. Im Unterschied zu anderen Counties Großbritanniens stieg die Zahl der Beschäftigten im Silicon Glen in den 80er Jahren an, jedoch ging die Zahl der Hightech-Beschäftigten landesweit in den 90er Jahren zurück.

Das Silicon Glen konnte in den folgenden Jahren eine spezielle Dynamik vorweisen. Zudem gelang eine Diversifizierung[15] auf unterschiedliche Hightech-Branchen und eine Differenzierung der Betriebsgrößen zu Gunsten von Kleinbetrieben.

Hierzu trug unter anderem Großbritanniens erster Science Park bei, „der von der Heriot-Watt Universität in Edinburgh, die weltweit zu den führenden Einrichtungen in der Informatikforschung zählt, betrieben wird"[16].

Dieser Science Park verzeichnete Anfang der 90er Jahre im Bereich der Informatik eine Vielzahl von Firmengründungen aus der Universität heraus (Spin Off Unternehmen). 1991 wurden dann die staatliche Wirtschaftsförderungsagentur Scottish Enterprise und die Ansiedlungsagentur Locate in Scotland gegründet. Ferner sind regionale Beschäftigungsagenturen aktiv, die Langzeitarbeitslosen in die Beschäftigung bzw. Selbstständigkeit helfen. Darüber hinaus reaktivieren sie Industriebranchen und bieten Weiterbildungskurse.

Auch durch die 1979 gewählte New-Labour-Regierung wurde das Silicon Glen nachhaltig unterstützt. Während die konservative Regierung vor 1979 die Regionalförderung in Schottland massiv beschnitt, nimmt das Thema der regionalen Entwicklung und der Dezentralisierung im Regierungsprogramm eine bedeutende Stellung ein. So hat sich zum Beispiel die damalige Regierung unter anderem für die Schaffung von Regional Development Agancies und die Errichtung eines Parlaments mit einer Regierung in Schottland eingesetzt.

Vor 1980 gab es kaum nennenswerte Aktivitäten, mittlerweile jedoch „ist regionale Technologiepolitik für viele Räume zu einer wichtigen Komponente dezentraler Standortpolitik geworden"[17].

---

[15] Anmerkung des Verfassers: Diversifizierung bedeutet, ein Unternehmen, einen Konzern auf verschiedene Wirtschaftszweige umstellen, um von Entwicklungsschwankungen einzelner Branchen unabhängig zu werden.

[16] Markus Hilpert und Werner Huber (2001).

Ihr Einsatz bietet mehrere Vorteile. Zum einen kann auf regionale Probleme direkt eingegangen werden und diese somit schneller behoben werden. Zum anderen fordert jede Region individuelle Förderung und Unterstützung. Es kommt zu einer Verringerung der Komplexität der Wirkungszusammenhänge und einer exakteren Zielansprache. Defizite der Intervention können differenzierter analysiert und rascher behoben werden.

„In fortgeschrittenen Stadien der regionaltechnologischen Entwicklung ist eine schrittweise Umorientierung von der traditionellen, kapital- (Subventionen, Zinszuschüsse etc.) und infrastrukturbasierten (Forschungseinrichtungen, Hochschulen etc.) Regionalpolitik in Richtung Information, Beratung, Gründung und Vernetzung festzustellen."[18] Für die Umsetzung dessen sind derzeit Entwicklungsgesellschaften, Regionalmanager und ähnliche Institutionen zuständig.

Ein weiteres Konzept zur Förderung der Region besteht darin, ganz gezielt die Bildungsinfrastruktur auszubauen: 55 Ingenieurschulen, sechs Wissenschaftsparks, acht Universitäten und vier Technische Hochschulen oder die 50-prozentige Co-Finanzierung für Weiterqualifizierung und spezielle Trainings von Mitarbeitern durch den Staat.

Bei Unternehmensgründungen trägt ein Viertel der Kosten die öffentliche Hand. Universitäten finanzieren sich durch Aufträge aus der Wirtschaft.

---

[17] ebenda.
[18] ebenda.

7.   Der Arbeitsmarkt

„Die gezielte Förderung von Innovationen führt häufig zu unübersehbaren Problem für die Beschäftigten. Entlassungen von gering qualifizierten und älteren Beschäftigten, gespaltene Arbeitsmärkte und vor allem der Mangel an Fachkräften gehören zu häufig beobachteten Begleiterscheinungen."[19]

Eines der Hauptprobleme in Hightech-Regionen besteht meist darin, dass die Region keine große Anzahl an ausreichend qualifiziertem Personal vorweisen kann. Regionen wie Karlsruhe und Aachen in Deutschland beklagen daher eine hohe Arbeitslosigkeit bei gleichzeitigem Fachkräftemangel. Wenn die Region nun versucht, Fachkräfte zu werben, kommen meist unqualifizierte Familienmitglieder mit, für die es wiederum kaum Beschäftigungsmöglichkeiten gibt. Durch die hohe Innovationstätigkeit kommt es zu Veränderungen vieler Arbeitsplätze, die Region ist jedoch selten in der Lage die somit ungeschulten Mitarbeiter auf die neuen Aufgaben umzuschulen, so dass eine Weiterbeschäftigung nicht immer möglich ist.

Dass es im Silicon Glen im Vergleich zu anderen europäischen Technologieregionen zu einer verhältnismäßig positiven Beschäftigungsentwicklung kam, wird zum einen durch das dichte Netz an Aus- und Weiterbildungseinrichtungen erklärt[20], zum anderen und nicht zuletzt aber auch durch das schottische Arbeitsrecht, welches zu den fortschrittlichsten in Europa zählt. Dieses enthält unter anderem:

o keine Einschränkungen beim Einsatz von Zeitarbeitern

o keine gesetzlichen Regelungen zur wöchentlichen Arbeitszeit

o keine Regelungen für Überstunden

o keine Regelung zur Bildung von Betriebsräten

Weiter gehören Sonntags- und Nachtarbeit oft zum betrieblichen Alltag. Bei einer Wochenarbeitszeit von durchschnittlich 40 Stunden und 20 bis 25 Urlaubstagen besteht Kündigungsschutz erst nach zwei Jahren. Die Lohn- und Arbeitskosten liegen durchschnittlich um ein Drittel unter dem deutschen Niveau, die Lohnnebenkosten nur bei 40 Prozent, hingegen in Deutschland um 80 Prozent. Um ein Beispiel zu nennen:

---

[19] ebenda.
[20] vgl. ebenda.

Ein schottischer Ingenieur kostet seinen Arbeitgeber bis zu 25 Prozent weniger als sein deutscher Kollege.

Die Körperschaftssteuer gilt als die niedrigste in der gesamten Europäischen Union und auch bei den sonstigen steuerlichen Regelungen ist Schottland sehr flexibel.[21]

Ende der 90er Jahre traten im Silicon Glen jedoch massive Beschäftigungsprobleme auf. Diese entstanden jedoch nicht durch Personaleinsparungen (vgl. Abbildung 6) wegen Rationalisierungsprojekten oder durch die volkswirtschaftliche Entwicklung, sondern durch die weltweite Vernetzung der ansässigen Betreibe (Globalisierung). Urbritische Unternehmen wie Ferranti oder Marconi gehören im Silicon Glen zur Minderheit. Die Mehrheit stellen Niederlassungen internationaler Konzerne (vgl. hierzu Abbildung 5).

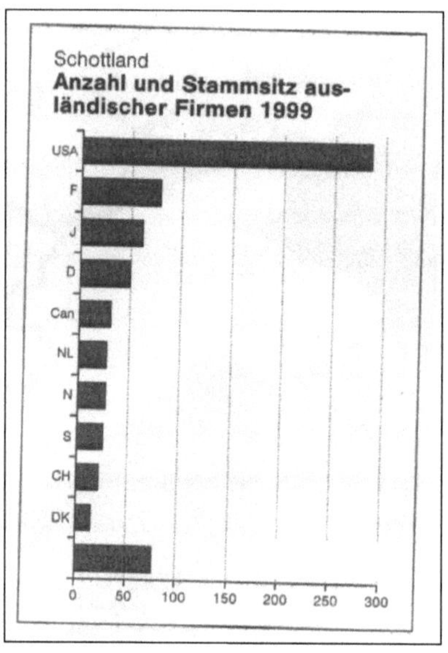

Abbildung 5: Anzahl und Stammsitz ausländischer Firmen in Schottland 1999.[22]

Deren nationale Unternehmensstrategien bedingen nicht selten, dass bei Rezessionen im Stammland häufig zuerst Produktionsanlagen an anderen Standorten geschlossen werden, weil sie von Maßnahmen der Kosteneinsparung betroffen sind. So hat sich etwa die Asienkrise massiv auf Beschäftigungszahl im Silicon Glen ausgewirkt. Die

---

[21] vgl. ebenda.
[22] Markus Hilpert (2002)

sechs größten asiatischen Elektronikunternehmen, die in Schottland angesiedelt sind, haben zwischen 1995 und 1998 ihre Beschäftigungszahl von 4.466 auf 531 reduziert.[23] Der Abbau von Arbeitsplätzen ging auch einher mit einigen Betriebsschließungen, denn der Niedergang der Preise in der Halbleiterfertigung traf auch einen Großteil der Zulieferer zwischen Glasgow und Edinburgh. So kam es auch, dass Mitsubishi die Produktion von Fernsehern in die Türkei verlagert, da es dort noch günstiger als in Schottland sei.

So zeigen sich die negativen Begleiterscheinungen der Globalisierung, da jede Rezession irgendwo auf der Erde, zeitgleich auch negative Effekte vor Ort zeigt, die regional kaum steuerbar sind. Der hohe Grad an internationalen Verflechtungen „macht das Silicon Glen wie kaum eine andere Region in Europa von weltweiten Konjunkturschwankungen abhängig"[24].

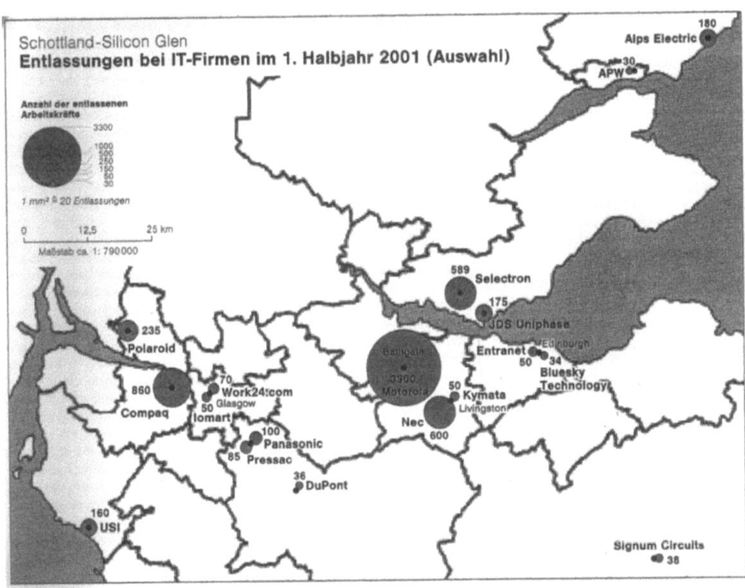

Abbildung 6: Entlassungen bei IT-Unternehmen im 1. Halbjahr 2001 (Auswahl)[25]

---

[23] vgl. Markus Hilpert (2001)
[24] ebenda.
[25] Markus Hilpert (2002).

8.   Zusammenfassung - Ausblick

Das Silicon Glen hat sich in den letzten Jahrzehnten zu einem der bedeutendsten Hightech-Standorte Westeuropas entwickelt.

Auch für die Zukunft sieht die technologiepolitische Strategie des Silicon Glen eine weitere branchenspezifische Hightech-Entwicklung vor. So soll ein Clusterplan das Gebiet weltweit als Forschungs-, Design- und Fertigungszentrum für Halbleiterprodukte etablieren. Einher gehen soll dieser Plan mit einer Verdopplung der Beschäftigungszahlen in der Halbleiterfertigung bis Ende 2004.

Ob dies gelingt, hängt, wie bei dieser Arbeit herauskam, nicht allein von regionalen Faktoren ab, sondern bei fortschreitender Globalisierung gerade im Silicon Glen in hohem Maße auch von der zukünftigen weltweiten Entwicklung der IT-Branche bzw. von der Performanz lokaler Märkte und Standorte rund um den Globus.[26]

Trotz einiger Probleme auf dem Arbeitsmarkt ist es dem schottischen Gebiet Silicon Glen gelungen den Strukturwandel von der Schwerindustrie zum Mikrochip zu vollziehen. Zusammenfassend waren dafür die Bildungspolitik, ein unternehmerfreundliches Arbeitsrecht, eine offensive Technologie- und Wirtschaftspolitik, die Globalisierung und auch zufällige historische Ereignisse wie die Ansiedlung von IBM verantwortlich.

---

[26] vgl. ebenda.

9.   Literatur

o Markus Hilpert (2000): High-Tech-Regionen. Tragfähigkeit, Lebenszyklen und Arbeitsmärkte. In: Schaffer, F. u. K. Thieme (Hrsg. 2000): Innovative Regionen. Umsetzung in die Praxis. Augsburg, S. 105-124.

o Markus Hilpert (2001): Regionaldarwinismus – Evolution von High-Tech-Regionen. In: Zeitschrift für Wirtschaftsgeographie. Heft 2/2001, S. 73-84.

o Markus Hilpert u. W. Huber (2001): Silicon Glen – Schottlands High-Tech-Region. In: Geographie und Schule. Heft 134/2001, S. 43-46.

o Markus Hilpert (2002): Schatten über Silicon Glen? Aufstieg, Glanz und Krise der schottischen High-Tech-Region. In: Europa Regional. Heft 10(2002)1, S. 21-27.

o Sebastian Kinder (2000): Hightech-Regionen in Großbritannien. Entwicklungsmerkmale und Konzentrationen. In: Geographische Rundschau. Heft 52, S. 50-56.

o R. Sternberg (1995): Technologiepolitik und High-Tech Regionen – ein internationaler Vergleich. In: Wirtschaftsgeographie, Bd. 5, Münster 1995.

o H.-W. Wehling, (1991): Jüngere Tendenzen in der wirtschaftlichen Entwicklung Schottlands. In: Geographische Rundschau. Heft 1, S. 34-43.

o http://www.computerwoche.de/index.cfm?pageid=267&type=ArtikelDetail&id=23259